ALGEBRA WORKBOOK

$26 = y + 14$

$21 + y = 47$

$y - 25 = -11$

$18 = y + 10$

$y + 15 = 29$

$y - 28 = -20$

$16 = 22 - y$

$11 - y = -5$

$y + 1 = 10$

$y - 6 = 11$

$1 - y = -16$

$8 = 15 - y$

$-5 = y - 30$

$2 + y = 4$

$9 + y = 34$

$29 + y = 47$

$6+y=21$ $\qquad$ $y-7=4$ $\qquad$

$y-26=-20$ $\qquad$ $y-13=-6$ $\qquad$

$y+4=30$ $\qquad$ $34=y+28$ $\qquad$

$y+23=49$ $\qquad$ $8-y=2$ $\qquad$

$y-26=-16$ $\qquad$ $-8=16-y$ $\qquad$

$25-y=20$ $\qquad$ $39=y+26$ $\qquad$

$44=y+14$ $\qquad$ $y-15=-13$ $\qquad$

$30=y+7$ $\qquad$ $-18=y-19$ $\qquad$

$36 = 16 + y$ 　　　　　　　　$22 + y = 30$

$21 = y - 4$ 　　　　　　　　$y + 14 = 25$

$29 = 24 + y$ 　　　　　　　$y - 28 = -17$

$28 = 11 + y$ 　　　　　　　$11 - y = 9$

$22 + y = 49$ 　　　　　　　$y - 13 = 10$

$15 = y + 5$ 　　　　　　　　$24 + y = 26$

$3 - y = -12$ 　　　　　　　$29 = 7 + y$

$y - 23 = 1$ 　　　　　　　　$y + 20 = 40$

$y - 18 = -15$

$y - 7 = 6$

$3 = y + 1$

$11 - y = 5$

$16 - y = 13$

$y + 21 = 22$

$y + 15 = 40$

$y + 14 = 30$

$y - 30 = -26$

$50 = 23 + y$

$-3 = 15 - y$

$21 = y + 11$

$5 = y - 21$

$5 - y = -5$

$28 + y = 47$

$20 - y = 18$

$-6 = y - 21$

$10 = y + 5$

$y - 17 = -1$

$5 - y = 1$

$30 + y = 54$

$1 + y = 25$

$0 = 12 - y$

$9 - y = -18$

$y - 24 = 2$

$-20 = 1 - y$

$20 = y - 8$

$-12 = y - 19$

$19 + y = 44$

$11 = 9 + y$

$27 = 26 + y$

$44 = 14 + y$

$11 = 6 + y$

$39 = 10 + y$

$y + 28 = 39$

$-16 = y - 22$

$y - 5 = 6$

$2 + y = 24$

$y - 3 = 12$

$y - 15 = 11$

$-4 = 19 - y$

$31 = 29 + y$

$22 = y + 2$

$31 = 14 + y$

$y + 25 = 26$

$16 - y = 5$

$44 = 24 + y$

$9 - y = 7$

$25 - y = 19$ $y - 3 = 26$

$22 = y - 8$ $-6 = y - 20$

$22 + y = 32$ $13 + y = 18$

$23 + y = 53$ $26 = 4 + y$

$y - 11 = 17$ $y - 26 = 1$

$13 + y = 19$ $15 + y = 36$

$29 = y + 27$ $5 = y - 16$

$8 = 17 - y$ $28 = y + 3$

$y - 27 = -18$

$y - 22 = -7$

$-21 = y - 24$

$14 - y = 5$

$18 - y = -10$

$2 + y = 7$

$15 + y = 32$

$y + 11 = 39$

$46 = 29 + y$

$y + 12 = 41$

$15 - y = -11$

$y + 29 = 39$

$22 = 14 + y$

$-3 = y - 13$

$-3 = 22 - y$

$5 = 19 - y$

$25 = y + 10$

$16 - y = 3$

$28 - y = 9$

$4 - y = -7$

$40 = y + 10$

$10 - y = -4$

$34 = y + 16$

$14 = y - 1$

$0 = 27 - y$

$y + 5 = 25$

$9 - y = -7$

$y - 16 = -9$

$y + 1 = 19$

$32 = 19 + y$

$-17 = 8 - y$

$-7 = 17 - y$

$y + 19 = 29$　　　　　　　　$20 - y = 15$

$21 - y = 20$　　　　　　　　$26 - y = 9$

$y + 25 = 53$　　　　　　　　$-13 = y - 27$

$18 + y = 42$　　　　　　　　$23 = 26 - y$

$2 - y = -22$　　　　　　　　$27 = y + 13$

$y + 19 = 27$　　　　　　　　$6 = 4 + y$

$22 - y = 8$　　　　　　　　　$40 = 10 + y$

$-20 = 5 - y$　　　　　　　　$21 - y = -6$

$2 + y = 18$

$24 = 22 + y$

$15 + y = 16$

$53 = y + 23$

$16 = y - 5$

$23 = 18 + y$

$34 = 15 + y$

$48 = y + 26$

$23 = 7 + y$

$54 = y + 29$

$-13 = 3 - y$

$49 = 25 + y$

$24 - y = 3$

$16 + y = 38$

$21 = y + 7$

$12 + y = 16$

$4 + y = 21$

$y + 10 = 28$

$y - 15 = 14$

$35 = 16 + y$

$y - 16 = 3$

$y - 27 = -17$

$4 = 1 + y$

$28 = 8 + y$

$25 - y = 23$

$12 - y = -18$

$28 - y = 21$

$32 = 2 + y$

$3 = y + 1$

$14 = 30 - y$

$0 = y - 19$

$50 = 20 + y$

$y + 14 = 26$

$-5 = 7 - y$

$19 = y - 3$

$-20 = y - 26$

$13 = 9 + y$

$36 = y + 19$

$47 = y + 29$

$10 - y = -19$

$28 - y = 4$

$0 = y - 24$

$y - 10 = -2$

$y + 14 = 32$

$16 = 23 - y$

$21 - y = 3$

$46 = y + 30$

$4 + y = 8$

$28 - y = -2$ $15 = 8 + y$

$21 - y = 13$ $-12 = y - 29$

$4 - y = -10$ $13 = 11 + y$

$5 = 15 - y$ $y + 2 = 8$

$-10 = 12 - y$ $12 - y = -6$

$y + 20 = 26$ $36 = y + 18$

$15 = 19 - y$ $0 = 12 - y$

$-15 = y - 20$ $y + 14 = 27$

$y - 19 = -18$

$19 = y + 3$

$21 + y = 40$

$y - 17 = -9$

$16 = 25 - y$

$1 = y - 16$

$13 + y = 34$

$y - 5 = 22$

$25 + y = 40$

$13 - y = -2$

$16 + y = 23$

$8 = y - 7$

$44 = y + 26$

$21 = 29 - y$

$y + 17 = 35$

$9 = y - 15$

$y + 27 = 29$

$28 = 1 + y$

$15 - y = -6$

$17 + y = 26$

$y + 27 = 36$

$46 = 28 + y$

$-6 = 5 - y$

$7 = 10 - y$

$26 = y + 6$

$18 - y = -9$

$y - 17 = -14$

$43 = y + 16$

$y - 18 = 2$

$2 + y = 27$

$y + 27 = 43$

$35 = 19 + y$

$27 = 25 + y$

$34 = 16 + y$

$32 = y + 9$

$6 = 18 - y$

$27 = y + 15$

$y - 28 = -10$

$17 = y + 16$

$y - 22 = -2$

$16 = y + 11$

$18 = y - 4$

$-3 = 17 - y$

$y + 2 = 6$

$y - 21 = 6$

$-4 = 12 - y$

$7 - y = -21$

$37 = 24 + y$

$-4 = y - 12$ $26 = 23 + y$

$y + 30 = 37$ $19 = y + 2$

$29 = y + 14$ $29 = 5 + y$

$30 - y = 22$ $28 + y = 37$

$14 - y = 13$ $y + 1 = 15$

$1 = 30 - y$ $55 = 28 + y$

$y - 20 = 0$ $12 = y + 1$

$y + 25 = 37$ $y + 2 = 17$

$y + 5 = 20$

$18 = y - 1$

$29 + y = 55$

$6 = y - 18$

$14 + y = 34$

$4 = y - 10$

$19 - y = 5$

$8 + y = 13$

$12 - y = 6$

$14 = y - 12$

$7 - y = 3$

$39 = y + 23$

$32 = 8 + y$

$14 - y = -12$

$10 = 23 - y$

$0 = 12 - y$

$6 = 10 - y$ \hspace{2cm} $y - 15 = 6$

$-9 = y - 23$ \hspace{2cm} $51 = 25 + y$

$29 - y = 4$ \hspace{2cm} $y - 11 = 14$

$23 - y = 22$ \hspace{2cm} $15 - y = 8$

$y + 3 = 17$ \hspace{2cm} $y - 1 = 11$

$2 + y = 30$ \hspace{2cm} $41 = y + 17$

$y - 8 = 21$ \hspace{2cm} $6 + y = 26$

$-23 = y - 27$ \hspace{2cm} $55 = y + 29$

$y + 16 = 17$

$15 = 4 + y$

$1 = y - 2$

$35 = 17 + y$

$30 + y = 47$

$35 = 24 + y$

$y + 4 = 14$

$y - 6 = 11$

$y - 30 = -14$

$y + 16 = 42$

$57 = y + 27$

$y + 18 = 46$

$29 - y = 23$

$y + 13 = 23$

$22 = 16 + y$

$24 = y + 2$

$29 + y = 55$

$16 - y = 1$

$34 = y + 26$

$1 = y - 28$

$y - 18 = -7$

$7 = 28 - y$

$9 = 6 + y$

$25 - y = 5$

$4 = 11 - y$

$4 + y = 8$

$30 = 29 + y$

$30 + y = 42$

$y - 18 = 3$

$27 = 6 + y$

$20 + y = 50$

$3 = y - 27$

$-18 = y - 28$

$49 = y + 21$

$7 + y = 28$

$18 = 3 + y$

$y - 26 = -12$

$y - 28 = 0$

$13 + y = 23$

$3 = 15 - y$

$5 + y = 10$

$y - 29 = -3$

$16 - y = 11$

$-4 = 4 - y$

$21 - y = 0$

$15 = 2 + y$

$22 = 26 - y$

$9 + y = 28$

$27 - y = 25$

$y - 1 = 21$

$21 = y - 9$

$5 + y = 26$

$16 - y = 9$

$5 - y = 2$

$15 = 24 - y$

$-19 = y - 27$

$11 = 19 - y$

$25 - y = 4$

$24 - y = 23$

$7 = 12 - y$

$y + 21 = 46$

$-16 = 1 - y$

$-1 = y - 20$

$30 = y + 10$

$y + 10 = 28$

$18 - y = 4$

$y + 6 = 36$

$1 - y = -1$

$y - 18 = 7$

$-2 = 25 - y$

$7 + y = 17$

$2 - y = -25$

$-10 = y - 11$

$-13 = 13 - y$

$4 = 13 - y$

$7 = y - 6$

$-8 = 10 - y$

$20 - y = 3$

$y - 18 = -9$

$43 = 17 + y$

$26 + y = 43$

$26 - y = 13$

$y - 21 = -14$

$19 = 27 - y$

$3 = 22 - y$

$-11 = y - 13$

$16 - y = 5$

$0 = 26 - y$

$-13 = 14 - y$

$-4 = y - 29$

$-4 = y - 16$

$-6 = 9 - y$

$20 = y - 2$

$52 = 24 + y$

$39 = y + 29$

$17 = y - 4$

$y - 28 = -14$

$y - 14 = -4$

$3 = 4 - y$

$15 = 29 - y$

$24 - y = 9$

$5 + y = 18$

$27 = y + 15$

$-5 = 4 - y$

$41 = y + 19$

$25 = y + 3$

$31 = 25 + y$

$42 = 12 + y$

$52 = 27 + y$

$24 + y = 40$

$-22 = y - 26$

$y - 16 = 10$

$26 - y = 2$ .... $14 = y - 11$ ....

$y + 4 = 27$ .... $10 - y = 1$ ....

$y + 24 = 33$ .... $y - 10 = -6$ ....

$y - 26 = -14$ .... $y + 26 = 44$ ....

$5 + y = 17$ .... $30 - y = 3$ ....

$y + 2 = 31$ .... $y - 6 = -1$ ....

$-18 = y - 26$ .... $37 = 11 + y$ ....

$y + 26 = 55$ .... $15 = 6 + y$ ....

$17 = y + 6$

$y + 1 = 21$

$y - 20 = -13$

$-13 = y - 18$

$22 = y + 7$

$34 = 4 + y$

$15 = 13 + y$

$-5 = 3 - y$

$18 = y + 9$

$y + 14 = 18$

$17 + y = 46$

$26 - y = 3$

$25 = 7 + y$

$42 = y + 15$

$14 = 29 - y$

$44 = 30 + y$

$43 = 18 + y$

$-10 = 7 - y$

$y + 12 = 19$

$y + 5 = 33$

$17 + y = 38$

$10 = y - 13$

$5 = y - 20$

$y - 30 = -10$

$36 = y + 7$

$19 + y = 34$

$y + 22 = 35$

$30 = y + 6$

$1 = y - 22$

$10 - y = -18$

$24 + y = 45$

$y - 21 = -13$

$-5 = y - 18$

$y - 23 = -21$

$7 - y = 2$

$y + 2 = 27$

$22 + y = 48$

$21 + y = 47$

$37 = 28 + y$

$y - 17 = 5$

$30 = y + 26$

$39 = y + 19$

$21 = 17 + y$

$y - 21 = 4$

$38 = y + 10$

$3 - y = -14$

$22 + y = 52$

$22 + y = 35$

$23 = y + 8$ $29 = 23 + y$

$-25 = 3 - y$ $28 = y + 25$

$-5 = y - 29$ $28 - y = 5$

$44 = 18 + y$ $y + 17 = 22$

$13 = y - 14$ $12 = y - 8$

$9 - y = -7$ $41 = 29 + y$

$21 = 8 + y$ $27 = y + 14$

$y - 3 = 3$ $y - 29 = -14$

$-1 = 18 - y$

$3 - y = -26$

$28 = y + 23$

$17 = 13 + y$

$25 + y = 46$

$1 = 10 - y$

$37 = 7 + y$

$58 = 30 + y$

$y + 12 = 28$

$41 = y + 20$

$1 - y = -8$

$1 + y = 31$

$3 + y = 18$

$4 - y = -7$

$26 + y = 46$

$29 = 7 + y$

$44 = 14 + y$　　　　$34 = y + 29$

$30 = y + 6$　　　　$8 = y - 5$

$y - 17 = -16$　　　　$32 = 13 + y$

$y - 21 = -14$　　　　$13 = y + 8$

$29 = 14 + y$　　　　$5 = y - 24$

$13 + y = 39$　　　　$37 = 28 + y$

$19 - y = 16$　　　　$y - 20 = 6$

$17 = y - 2$　　　　$13 = y + 5$

$34 = 15 + y$ _____ $25 - y = 17$ _____

$26 = 25 + y$ _____ $y + 10 = 15$ _____

$y + 17 = 47$ _____ $6 = y - 14$ _____

$39 = 27 + y$ _____ $y + 13 = 37$ _____

$11 + y = 37$ _____ $28 - y = 17$ _____

$8 = 21 - y$ _____ $28 = y + 19$ _____

$28 = y + 26$ _____ $y + 21 = 32$ _____

$34 = 10 + y$ _____ $16 + y = 45$ _____

$9 + y = 17$ .... $y + 19 = 23$ ....

$26 - y = -1$ .... $27 = 14 + y$ ....

$31 = y + 20$ .... $25 - y = -2$ ....

$y + 15 = 21$ .... $20 = y + 7$ ....

$y - 14 = -4$ .... $-14 = 10 - y$ ....

$33 = y + 28$ .... $y + 2 = 16$ ....

$y + 6 = 16$ .... $36 = y + 29$ ....

$21 + y = 35$ .... $30 + y = 36$ ....

$2 - y = -20$

$8 - y = 2$

$y + 16 = 28$

$19 + y = 32$

$10 = y - 4$

$15 - y = -7$

$24 - y = 21$

$36 = y + 15$

$6 + y = 25$

$31 = 17 + y$

$3 = 1 + y$

$y - 18 = -4$

$38 = y + 27$

$13 = y - 12$

$y + 21 = 30$

$-5 = y - 27$

$7 < \dfrac{x}{5}$	$2x > 3$	$3 \geq x + 8$
$9 > y - 2$	$\dfrac{x}{8} < 2$	$12x < 10$
$8 > 6 - x$	$1 > x + 4$	$9 > 7 - x$

$7 > y + 7$	$7 < \dfrac{y}{1}$	$12y \geq 8$
$y - 4 \leq 8$	$y + 1 < 5$	$2 \leq 5x$
$\dfrac{x}{7} > 4$	$5x \geq 4$	$2 \geq 3 + x$

$8 \leq 1 - y$	$1 < \dfrac{x}{7}$	$3y \geq 4$
$2 - x \geq 8$	$\dfrac{y}{2} > 8$	$1 + y \leq 5$
$9 < x + 7$	$\dfrac{y}{8} \leq 4$	$4y < 3$

$8 < y - 7$	$y + 7 \geq 1$	$4 \leq \dfrac{x}{3}$
$9 < 6y$	$3 \geq x - 1$	$\dfrac{x}{1} < 1$
$6x \leq 2$	$x + 8 > 6$	$x - 3 < 9$

$3 - x > 6$	$6 < x + 4$	$\dfrac{x}{2} \geq 3$
$9x \leq 18$	$9 < x - 7$	$2 < y + 6$
$6 \leq 12y$	$\dfrac{y}{7} > 3$	$6 - x \geq 9$

$6 + x \leq 5$	$6 \geq 15x$	$5 \leq \dfrac{x}{4}$
$8 < 4x$	$3 + y > 4$	$5 < 1 - x$
$7 < \dfrac{y}{4}$	$4x \geq 8$	$\dfrac{x}{4} < 7$

| $4 + x > 5$ | $y - 2 \geq 5$ | $3 > \dfrac{x}{4}$ |

| $5 \leq 1 - x$ | $9 \geq 12x$ | $3 \geq 3 + y$ |

| $4 > \dfrac{y}{6}$ | $8y \leq 10$ | $9 \leq x + 9$ |

$8 \leq 7 - x$	$6 < y - 1$	$\dfrac{x}{5} \geq 6$
$9 \leq 3 + x$	$2x \leq 3$	$10 < 12y$
$7 > y - 6$	$y + 6 < 9$	$3 \leq \dfrac{y}{6}$

$8 \leq y - 3$	$7 > 1 + y$	$6 < \dfrac{y}{1}$
$12x \leq 10$	$4 + y < 2$	$\dfrac{x}{8} \geq 7$
$6 \leq y - 5$	$2 \geq 3y$	$8 \geq 7 - x$

$6x \leq 4$	$1 \leq x + 1$	$3 \geq \dfrac{y}{6}$
$4x > 6$	$6 \geq \dfrac{y}{8}$	$6 + y > 9$
$3 - x \geq 4$	$3 > x - 1$	$9 + x \geq 9$

$\frac{x}{1} \geq 6$	$3 \geq 4y$	$1 < 9 + y$
$\frac{y}{4} > 5$	$7 - y < 9$	$5x > 6$
$1 > \frac{y}{6}$	$x + 4 \geq 2$	$3y \geq 6$

answers

$26 = y + 14$ $y = 12$

$y - 25 = -11$ $y = 14$

$y + 15 = 29$ $y = 14$

$16 = 22 - y$ $y = 6$

$y + 1 = 10$ $y = 9$

$1 - y = -16$ $y = 17$

$-5 = y - 30$ $y = 25$

$9 + y = 34$ $y = 25$

$21 + y = 47$ $y = 26$

$18 = y + 10$ $y = 8$

$y - 28 = -20$ $y = 8$

$11 - y = -5$ $y = 16$

$y - 6 = 11$ $y = 17$

$8 = 15 - y$ $y = 7$

$2 + y = 4$ $y = 2$

$29 + y = 47$ $y = 18$

$6 + y = 21$ $y = 15$

$y - 7 = 4$ $y = 11$

$y - 26 = -20$ $y = 6$

$y - 13 = -6$ $y = 7$

$y + 4 = 30$ $y = 26$

$34 = y + 28$ $y = 6$

$y + 23 = 49$ $y = 26$

$8 - y = 2$ $y = 6$

$y - 26 = -16$ $y = 10$

$-8 = 16 - y$ $y = 24$

$25 - y = 20$ $y = 5$

$39 = y + 26$ $y = 13$

$44 = y + 14$ $y = 30$

$y - 15 = -13$ $y = 2$

$30 = y + 7$ $y = 23$

$-18 = y - 19$ $y = 1$

$36 = 16 + y$ $y = 20$

$21 = y - 4$ $y = 25$

$29 = 24 + y$ $y = 5$

$28 = 11 + y$ $y = 17$

$22 + y = 49$ $y = 27$

$15 = y + 5$ $y = 10$

$3 - y = -12$ $y = 15$

$y - 23 = 1$ $y = 24$

$22 + y = 30$ $y = 8$

$y + 14 = 25$ $y = 11$

$y - 28 = -17$ $y = 11$

$11 - y = 9$ $y = 2$

$y - 13 = 10$ $y = 23$

$24 + y = 26$ $y = 2$

$29 = 7 + y$ $y = 22$

$y + 20 = 40$ $y = 20$

$y - 18 = -15$ $y = 3$

$3 = y + 1$ $y = 2$

$16 - y = 13$ $y = 3$

$y + 15 = 40$ $y = 25$

$y - 30 = -26$ $y = 4$

$-3 = 15 - y$ $y = 18$

$5 = y - 21$ $y = 26$

$28 + y = 47$ $y = 19$

$y - 7 = 6$ $y = 13$

$11 - y = 5$ $y = 6$

$y + 21 = 22$ $y = 1$

$y + 14 = 30$ $y = 16$

$50 = 23 + y$ $y = 27$

$21 = y + 11$ $y = 10$

$5 - y = -5$ $y = 10$

$20 - y = 18$ $y = 2$

-6 = y - 21   y = 15

10 = y + 5   y = 5

y - 17 = -1   y = 16

5 - y = 1   y = 4

30 + y = 54   y = 24

1 + y = 25   y = 24

0 = 12 - y   y = 12

9 - y = -18   y = 27

y - 24 = 2   y = 26

-20 = 1 - y   y = 21

20 = y - 8   y = 28

-12 = y - 19   y = 7

19 + y = 44   y = 25

11 = 9 + y   y = 2

27 = 26 + y   y = 1

44 = 14 + y   y = 30

$11 = 6 + y$ $y = 5$

$39 = 10 + y$ $y = 29$

$y + 28 = 39$ $y = 11$

$-16 = y - 22$ $y = 6$

$y - 5 = 6$ $y = 11$

$2 + y = 24$ $y = 22$

$y - 3 = 12$ $y = 15$

$y - 15 = 11$ $y = 26$

$-4 = 19 - y$ $y = 23$

$31 = 29 + y$ $y = 2$

$22 = y + 2$ $y = 20$

$31 = 14 + y$ $y = 17$

$y + 25 = 26$ $y = 1$

$16 - y = 5$ $y = 11$

$44 = 24 + y$ $y = 20$

$9 - y = 7$ $y = 2$

$25 - y = 19$ $y = 6$

$y - 3 = 26$ $y = 29$

$22 = y - 8$ $y = 30$

$-6 = y - 20$ $y = 14$

$22 + y = 32$ $y = 10$

$13 + y = 18$ $y = 5$

$23 + y = 53$ $y = 30$

$26 = 4 + y$ $y = 22$

$y - 11 = 17$ $y = 28$

$y - 26 = 1$ $y = 27$

$13 + y = 19$ $y = 6$

$15 + y = 36$ $y = 21$

$29 = y + 27$ $y = 2$

$5 = y - 16$ $y = 21$

$8 = 17 - y$ $y = 9$

$28 = y + 3$ $y = 25$

$y - 27 = -18 \quad y = 9$

$-21 = y - 24 \quad y = 3$

$18 - y = -10 \quad y = 28$

$15 + y = 32 \quad y = 17$

$46 = 29 + y \quad y = 17$

$15 - y = -11 \quad y = 26$

$22 = 14 + y \quad y = 8$

$-3 = 22 - y \quad y = 25$

$y - 22 = -7 \quad y = 15$

$14 - y = 5 \quad y = 9$

$2 + y = 7 \quad y = 5$

$y + 11 = 39 \quad y = 28$

$y + 12 = 41 \quad y = 29$

$y + 29 = 39 \quad y = 10$

$-3 = y - 13 \quad y = 10$

$5 = 19 - y \quad y = 14$

$25 = y + 10$ $y = 15$

$0 = 27 - y$ $y = 27$

$16 - y = 3$ $y = 13$

$y + 5 = 25$ $y = 20$

$28 - y = 9$ $y = 19$

$9 - y = -7$ $y = 16$

$4 - y = -7$ $y = 11$

$y - 16 = -9$ $y = 7$

$40 = y + 10$ $y = 30$

$y + 1 = 19$ $y = 18$

$10 - y = -4$ $y = 14$

$32 = 19 + y$ $y = 13$

$34 = y + 16$ $y = 18$

$-17 = 8 - y$ $y = 25$

$14 = y - 1$ $y = 15$

$-7 = 17 - y$ $y = 24$

$y + 19 = 29 \quad y = 10$

$21 - y = 20 \quad y = 1$

$y + 25 = 53 \quad y = 28$

$18 + y = 42 \quad y = 24$

$2 - y = -22 \quad y = 24$

$y + 19 = 27 \quad y = 8$

$22 - y = 8 \quad y = 14$

$-20 = 5 - y \quad y = 25$

$20 - y = 15 \quad y = 5$

$26 - y = 9 \quad y = 17$

$-13 = y - 27 \quad y = 14$

$23 = 26 - y \quad y = 3$

$27 = y + 13 \quad y = 14$

$6 = 4 + y \quad y = 2$

$40 = 10 + y \quad y = 30$

$21 - y = -6 \quad y = 27$

$2 + y = 18 \quad y = 16$

$23 = 7 + y \quad y = 16$

$24 = 22 + y \quad y = 2$

$54 = y + 29 \quad y = 25$

$15 + y = 16 \quad y = 1$

$-13 = 3 - y \quad y = 16$

$53 = y + 23 \quad y = 30$

$49 = 25 + y \quad y = 24$

$16 = y - 5 \quad y = 21$

$24 - y = 3 \quad y = 21$

$23 = 18 + y \quad y = 5$

$16 + y = 38 \quad y = 22$

$34 = 15 + y \quad y = 19$

$21 = y + 7 \quad y = 14$

$48 = y + 26 \quad y = 22$

$12 + y = 16 \quad y = 4$

$4 + y = 21 \quad y = 17$

$y + 10 = 28 \quad y = 18$

$y - 15 = 14 \quad y = 29$

$35 = 16 + y \quad y = 19$

$y - 16 = 3 \quad y = 19$

$y - 27 = -17 \quad y = 10$

$4 = 1 + y \quad y = 3$

$28 = 8 + y \quad y = 20$

$25 - y = 23 \quad y = 2$

$12 - y = -18 \quad y = 30$

$28 - y = 21 \quad y = 7$

$32 = 2 + y \quad y = 30$

$3 = y + 1 \quad y = 2$

$14 = 30 - y \quad y = 16$

$0 = y - 19 \quad y = 19$

$50 = 20 + y \quad y = 30$

$y + 14 = 26$ $y = 12$

$28 - y = 4$ $y = 24$

$-5 = 7 - y$ $y = 12$

$0 = y - 24$ $y = 24$

$19 = y - 3$ $y = 22$

$y - 10 = -2$ $y = 8$

$-20 = y - 26$ $y = 6$

$y + 14 = 32$ $y = 18$

$13 = 9 + y$ $y = 4$

$16 = 23 - y$ $y = 7$

$36 = y + 19$ $y = 17$

$21 - y = 3$ $y = 18$

$47 = y + 29$ $y = 18$

$46 = y + 30$ $y = 16$

$10 - y = -19$ $y = 29$

$4 + y = 8$ $y = 4$

$28 - y = -2 \quad y = 30$

$21 - y = 13 \quad y = 8$

$4 - y = -10 \quad y = 14$

$5 = 15 - y \quad y = 10$

$-10 = 12 - y \quad y = 22$

$y + 20 = 26 \quad y = 6$

$15 = 19 - y \quad y = 4$

$-15 = y - 20 \quad y = 5$

$15 = 8 + y \quad y = 7$

$-12 = y - 29 \quad y = 17$

$13 = 11 + y \quad y = 2$

$y + 2 = 8 \quad y = 6$

$12 - y = -6 \quad y = 18$

$36 = y + 18 \quad y = 18$

$0 = 12 - y \quad y = 12$

$y + 14 = 27 \quad y = 13$

$y - 19 = -18$ $y = 1$

$25 + y = 40$ $y = 15$

$19 = y + 3$ $y = 16$

$13 - y = -2$ $y = 15$

$21 + y = 40$ $y = 19$

$16 + y = 23$ $y = 7$

$y - 17 = -9$ $y = 8$

$8 = y - 7$ $y = 15$

$16 = 25 - y$ $y = 9$

$44 = y + 26$ $y = 18$

$1 = y - 16$ $y = 17$

$21 = 29 - y$ $y = 8$

$13 + y = 34$ $y = 21$

$y + 17 = 35$ $y = 18$

$y - 5 = 22$ $y = 27$

$9 = y - 15$ $y = 24$

$y + 27 = 29$ $y = 2$

$15 - y = -6$ $y = 21$

$y + 27 = 36$ $y = 9$

$-6 = 5 - y$ $y = 11$

$26 = y + 6$ $y = 20$

$y - 17 = -14$ $y = 3$

$y - 18 = 2$ $y = 20$

$y + 27 = 43$ $y = 16$

$28 = 1 + y$ $y = 27$

$17 + y = 26$ $y = 9$

$46 = 28 + y$ $y = 18$

$7 = 10 - y$ $y = 3$

$18 - y = -9$ $y = 27$

$43 = y + 16$ $y = 27$

$2 + y = 27$ $y = 25$

$35 = 19 + y$ $y = 16$

$27 = 25 + y$ $y = 2$

$34 = 16 + y$ $y = 18$

$32 = y + 9$ $y = 23$

$6 = 18 - y$ $y = 12$

$27 = y + 15$ $y = 12$

$y - 28 = -10$ $y = 18$

$17 = y + 16$ $y = 1$

$y - 22 = -2$ $y = 20$

$16 = y + 11$ $y = 5$

$18 = y - 4$ $y = 22$

$-3 = 17 - y$ $y = 20$

$y + 2 = 6$ $y = 4$

$y - 21 = 6$ $y = 27$

$-4 = 12 - y$ $y = 16$

$7 - y = -21$ $y = 28$

$37 = 24 + y$ $y = 13$

$-4 = y - 12$ $y = 8$

$y + 30 = 37$ $y = 7$

$29 = y + 14$ $y = 15$

$30 - y = 22$ $y = 8$

$14 - y = 13$ $y = 1$

$1 = 30 - y$ $y = 29$

$y - 20 = 0$ $y = 20$

$y + 25 = 37$ $y = 12$

$26 = 23 + y$ $y = 3$

$19 = y + 2$ $y = 17$

$29 = 5 + y$ $y = 24$

$28 + y = 37$ $y = 9$

$y + 1 = 15$ $y = 14$

$55 = 28 + y$ $y = 27$

$12 = y + 1$ $y = 11$

$y + 2 = 17$ $y = 15$

$y + 5 = 20$ $y = 15$

$18 = y - 1$ $y = 19$

$29 + y = 55$ $y = 26$

$6 = y - 18$ $y = 24$

$14 + y = 34$ $y = 20$

$4 = y - 10$ $y = 14$

$19 - y = 5$ $y = 14$

$8 + y = 13$ $y = 5$

$12 - y = 6$ $y = 6$

$14 = y - 12$ $y = 26$

$7 - y = 3$ $y = 4$

$39 = y + 23$ $y = 16$

$32 = 8 + y$ $y = 24$

$14 - y = -12$ $y = 26$

$10 = 23 - y$ $y = 13$

$0 = 12 - y$ $y = 12$

6 = 10 - y   y = 4

-9 = y - 23   y = 14

29 - y = 4   y = 25

23 - y = 22   y = 1

y + 3 = 17   y = 14

2 + y = 30   y = 28

y - 8 = 21   y = 29

-23 = y - 27   y = 4

y - 15 = 6   y = 21

51 = 25 + y   y = 26

y - 11 = 14   y = 25

15 - y = 8   y = 7

y - 1 = 11   y = 12

41 = y + 17   y = 24

6 + y = 26   y = 20

55 = y + 29   y = 26

$y + 16 = 17$ $y = 1$

$15 = 4 + y$ $y = 11$

$1 = y - 2$ $y = 3$

$35 = 17 + y$ $y = 18$

$30 + y = 47$ $y = 17$

$35 = 24 + y$ $y = 11$

$y + 4 = 14$ $y = 10$

$y - 6 = 11$ $y = 17$

$y - 30 = -14$ $y = 16$

$y + 16 = 42$ $y = 26$

$57 = y + 27$ $y = 30$

$y + 18 = 46$ $y = 28$

$29 - y = 23$ $y = 6$

$y + 13 = 23$ $y = 10$

$22 = 16 + y$ $y = 6$

$24 = y + 2$ $y = 22$

$29 + y = 55 \quad y = 26$

$16 - y = 1 \quad y = 15$

$34 = y + 26 \quad y = 8$

$1 = y - 28 \quad y = 29$

$y - 18 = -7 \quad y = 11$

$7 = 28 - y \quad y = 21$

$9 = 6 + y \quad y = 3$

$25 - y = 5 \quad y = 20$

$4 = 11 - y \quad y = 7$

$4 + y = 8 \quad y = 4$

$30 = 29 + y \quad y = 1$

$30 + y = 42 \quad y = 12$

$y - 18 = 3 \quad y = 21$

$27 = 6 + y \quad y = 21$

$20 + y = 50 \quad y = 30$

$3 = y - 27 \quad y = 30$

$-18 = y - 28$ $y = 10$

$49 = y + 21$ $y = 28$

$7 + y = 28$ $y = 21$

$18 = 3 + y$ $y = 15$

$y - 26 = -12$ $y = 14$

$y - 28 = 0$ $y = 28$

$13 + y = 23$ $y = 10$

$3 = 15 - y$ $y = 12$

$5 + y = 10$ $y = 5$

$y - 29 = -3$ $y = 26$

$16 - y = 11$ $y = 5$

$-4 = 4 - y$ $y = 8$

$21 - y = 0$ $y = 21$

$15 = 2 + y$ $y = 13$

$22 = 26 - y$ $y = 4$

$9 + y = 28$ $y = 19$

$27 - y = 25$ $y = 2$

$y - 1 = 21$ $y = 22$

$21 = y - 9$ $y = 30$

$5 + y = 26$ $y = 21$

$16 - y = 9$ $y = 7$

$5 - y = 2$ $y = 3$

$15 = 24 - y$ $y = 9$

$-19 = y - 27$ $y = 8$

$11 = 19 - y$ $y = 8$

$25 - y = 4$ $y = 21$

$24 - y = 23$ $y = 1$

$7 = 12 - y$ $y = 5$

$y + 21 = 46$ $y = 25$

$-16 = 1 - y$ $y = 17$

$-1 = y - 20$ $y = 19$

$30 = y + 10$ $y = 20$

$y + 10 = 28$ $y = 18$

$18 - y = 4$ $y = 14$

$y + 6 = 36$ $y = 30$

$1 - y = -1$ $y = 2$

$y - 18 = 7$ $y = 25$

$-2 = 25 - y$ $y = 27$

$7 + y = 17$ $y = 10$

$2 - y = -25$ $y = 27$

$-10 = y - 11$ $y = 1$

$-13 = 13 - y$ $y = 26$

$4 = 13 - y$ $y = 9$

$7 = y - 6$ $y = 13$

$-8 = 10 - y$ $y = 18$

$20 - y = 3$ $y = 17$

$y - 18 = -9$ $y = 9$

$43 = 17 + y$ $y = 26$

26+y=43   y=17

26−y=13   y=13

y−21=−14   y=7

19=27−y   y=8

3=22−y   y=19

−11=y−13   y=2

16−y=5   y=11

0=26−y   y=26

−13=14−y   y=27

−4=y−29   y=25

−4=y−16   y=12

−6=9−y   y=15

20=y−2   y=22

52=24+y   y=28

39=y+29   y=10

17=y−4   y=21

$y - 28 = -14 \quad y = 14$

$y - 14 = -4 \quad y = 10$

$3 = 4 - y \quad y = 1$

$15 = 29 - y \quad y = 14$

$24 - y = 9 \quad y = 15$

$5 + y = 18 \quad y = 13$

$27 = y + 15 \quad y = 12$

$-5 = 4 - y \quad y = 9$

$41 = y + 19 \quad y = 22$

$25 = y + 3 \quad y = 22$

$31 = 25 + y \quad y = 6$

$42 = 12 + y \quad y = 30$

$52 = 27 + y \quad y = 25$

$24 + y = 40 \quad y = 16$

$-22 = y - 26 \quad y = 4$

$y - 16 = 10 \quad y = 26$

$26 - y = 2$ $y = 24$

$y + 4 = 27$ $y = 23$

$y + 24 = 33$ $y = 9$

$y - 26 = -14$ $y = 12$

$5 + y = 17$ $y = 12$

$y + 2 = 31$ $y = 29$

$-18 = y - 26$ $y = 8$

$y + 26 = 55$ $y = 29$

$14 = y - 11$ $y = 25$

$10 - y = 1$ $y = 9$

$y - 10 = -6$ $y = 4$

$y + 26 = 44$ $y = 18$

$30 - y = 3$ $y = 27$

$y - 6 = -1$ $y = 5$

$37 = 11 + y$ $y = 26$

$15 = 6 + y$ $y = 9$

$17 = y + 6$ $y = 11$

$y + 1 = 21$ $y = 20$

$y - 20 = -13$ $y = 7$

$-13 = y - 18$ $y = 5$

$22 = y + 7$ $y = 15$

$34 = 4 + y$ $y = 30$

$15 = 13 + y$ $y = 2$

$-5 = 3 - y$ $y = 8$

$18 = y + 9$ $y = 9$

$y + 14 = 18$ $y = 4$

$17 + y = 46$ $y = 29$

$26 - y = 3$ $y = 23$

$25 = 7 + y$ $y = 18$

$42 = y + 15$ $y = 27$

$14 = 29 - y$ $y = 15$

$44 = 30 + y$ $y = 14$

$43 = 18 + y \quad y = 25$

$36 = y + 7 \quad y = 29$

$-10 = 7 - y \quad y = 17$

$19 + y = 34 \quad y = 15$

$y + 12 = 19 \quad y = 7$

$y + 22 = 35 \quad y = 13$

$y + 5 = 33 \quad y = 28$

$30 = y + 6 \quad y = 24$

$17 + y = 38 \quad y = 21$

$1 = y - 22 \quad y = 23$

$10 = y - 13 \quad y = 23$

$10 - y = -18 \quad y = 28$

$5 = y - 20 \quad y = 25$

$24 + y = 45 \quad y = 21$

$y - 30 = -10 \quad y = 20$

$y - 21 = -13 \quad y = 8$

$-5 = y - 18$ $y = 13$

$y - 23 = -21$ $y = 2$

$7 - y = 2$ $y = 5$

$y + 2 = 27$ $y = 25$

$22 + y = 48$ $y = 26$

$21 + y = 47$ $y = 26$

$37 = 28 + y$ $y = 9$

$y - 17 = 5$ $y = 22$

$30 = y + 26$ $y = 4$

$39 = y + 19$ $y = 20$

$21 = 17 + y$ $y = 4$

$y - 21 = 4$ $y = 25$

$38 = y + 10$ $y = 28$

$3 - y = -14$ $y = 17$

$22 + y = 52$ $y = 30$

$22 + y = 35$ $y = 13$

$23 = y + 8$ $y = 15$

$29 = 23 + y$ $y = 6$

$-25 = 3 - y$ $y = 28$

$28 = y + 25$ $y = 3$

$-5 = y - 29$ $y = 24$

$28 - y = 5$ $y = 23$

$44 = 18 + y$ $y = 26$

$y + 17 = 22$ $y = 5$

$13 = y - 14$ $y = 27$

$12 = y - 8$ $y = 20$

$9 - y = -7$ $y = 16$

$41 = 29 + y$ $y = 12$

$21 = 8 + y$ $y = 13$

$27 = y + 14$ $y = 13$

$y - 3 = 3$ $y = 6$

$y - 29 = -14$ $y = 15$

$-1 = 18 - y \quad y = 19$

$28 = y + 23 \quad y = 5$

$25 + y = 46 \quad y = 21$

$37 = 7 + y \quad y = 30$

$y + 12 = 28 \quad y = 16$

$1 - y = -8 \quad y = 9$

$3 + y = 18 \quad y = 15$

$26 + y = 46 \quad y = 20$

$3 - y = -26 \quad y = 29$

$17 = 13 + y \quad y = 4$

$1 = 10 - y \quad y = 9$

$58 = 30 + y \quad y = 28$

$41 = y + 20 \quad y = 21$

$1 + y = 31 \quad y = 30$

$4 - y = -7 \quad y = 11$

$29 = 7 + y \quad y = 22$

$44 = 14 + y \quad y = 30$

$30 = y + 6 \quad y = 24$

$y - 17 = -16 \quad y = 1$

$y - 21 = -14 \quad y = 7$

$29 = 14 + y \quad y = 15$

$13 + y = 39 \quad y = 26$

$19 - y = 16 \quad y = 3$

$17 = y - 2 \quad y = 19$

$34 = y + 29 \quad y = 5$

$8 = y - 5 \quad y = 13$

$32 = 13 + y \quad y = 19$

$13 = y + 8 \quad y = 5$

$5 = y - 24 \quad y = 29$

$37 = 28 + y \quad y = 9$

$y - 20 = 6 \quad y = 26$

$13 = y + 5 \quad y = 8$

$34 = 15 + y$ $y = 19$

$26 = 25 + y$ $y = 1$

$y + 17 = 47$ $y = 30$

$39 = 27 + y$ $y = 12$

$11 + y = 37$ $y = 26$

$8 = 21 - y$ $y = 13$

$28 = y + 26$ $y = 2$

$34 = 10 + y$ $y = 24$

$25 - y = 17$ $y = 8$

$y + 10 = 15$ $y = 5$

$6 = y - 14$ $y = 20$

$y + 13 = 37$ $y = 24$

$28 - y = 17$ $y = 11$

$28 = y + 19$ $y = 9$

$y + 21 = 32$ $y = 11$

$16 + y = 45$ $y = 29$

$9 + y = 17 \quad y = 8$

$y + 19 = 23 \quad y = 4$

$26 - y = -1 \quad y = 27$

$27 = 14 + y \quad y = 13$

$31 = y + 20 \quad y = 11$

$25 - y = -2 \quad y = 27$

$y + 15 = 21 \quad y = 6$

$20 = y + 7 \quad y = 13$

$y - 14 = -4 \quad y = 10$

$-14 = 10 - y \quad y = 24$

$33 = y + 28 \quad y = 5$

$y + 2 = 16 \quad y = 14$

$y + 6 = 16 \quad y = 10$

$36 = y + 29 \quad y = 7$

$21 + y = 35 \quad y = 14$

$30 + y = 36 \quad y = 6$

$2 - y = -20$ $y = 22$

$8 - y = 2$ $y = 6$

$y + 16 = 28$ $y = 12$

$19 + y = 32$ $y = 13$

$10 = y - 4$ $y = 14$

$15 - y = -7$ $y = 22$

$24 - y = 21$ $y = 3$

$36 = y + 15$ $y = 21$

$6 + y = 25$ $y = 19$

$31 = 17 + y$ $y = 14$

$3 = 1 + y$ $y = 2$

$y - 18 = -4$ $y = 14$

$38 = y + 27$ $y = 11$

$13 = y - 12$ $y = 25$

$y + 21 = 30$ $y = 9$

$-5 = y - 27$ $y = 22$

$7 < \dfrac{x}{5}$	$2x > 3$	$3 \geq x + 8$
$x > 35$	$x > \dfrac{3}{2}$	$x \leq -5$
$9 > y - 2$	$\dfrac{x}{8} < 2$	$12x < 10$
$y < 11$	$x < 16$	$x < \dfrac{5}{6}$
$8 > 6 - x$	$1 > x + 4$	$9 > 7 - x$
$x < 14$	$x < -3$	$x < 16$

$7 > y + 7$	$7 < \dfrac{y}{1}$	$12y \geq 8$
$y < 0$	$y > 7$	$y \geq \dfrac{2}{3}$
$y - 4 \leq 8$	$y + 1 < 5$	$2 \leq 5x$
$y \leq 12$	$y < 4$	$x \geq \dfrac{2}{5}$
$\dfrac{x}{7} > 4$	$5x \geq 4$	$2 \geq 3 + x$
$x > 28$	$x \geq \dfrac{4}{5}$	$x \leq -1$

$8 \leq 1 - y$	$1 < \dfrac{x}{7}$	$3y \geq 4$
$y \geq 9$	$x > 7$	$y \geq \dfrac{4}{3}$

$2 - x \geq 8$	$\dfrac{y}{2} > 8$	$1 + y \leq 5$
$x \geq 10$	$y > 16$	$y \leq 4$

$9 < x + 7$	$\dfrac{y}{8} \leq 4$	$4y < 3$
$x > 2$	$y \leq 32$	$y < \dfrac{3}{4}$

$8 < y - 7$	$y + 7 \geq 1$	$4 \leq \dfrac{x}{3}$
$y > 15$	$y \geq -6$	$x \geq 12$
$9 < 6y$	$3 \geq x - 1$	$\dfrac{x}{1} < 1$
$y > \dfrac{3}{2}$	$x \leq 4$	$x < 1$
$6x \leq 2$	$x + 8 > 6$	$x - 3 < 9$
$x \leq \dfrac{1}{3}$	$x > -2$	$x < 12$

$3 - x > 6$	$6 < x + 4$	$\dfrac{x}{2} \geq 3$
$x > 9$	$x > 2$	$x \geq 6$

$9x \leq 18$	$9 < x - 7$	$2 < y + 6$
$x \leq 2$	$x > 16$	$y > -4$

$6 \leq 12y$	$\dfrac{y}{7} > 3$	$6 - x \geq 9$
$y \geq \dfrac{1}{2}$	$y > 21$	$x \geq 15$

$6 + x \leq 5$	$6 \geq 15x$	$5 \leq \dfrac{x}{4}$
$x \leq -1$	$x \leq \dfrac{2}{5}$	$x \geq 20$

$8 < 4x$	$3 + y > 4$	$5 < 1 - x$
$x > 2$	$y > 1$	$x > 6$

$7 < \dfrac{y}{4}$	$4x \geq 8$	$\dfrac{x}{4} < 7$
$y > 28$	$x \geq 2$	$x < 28$

$4 + x > 5$	$y - 2 \geq 5$	$3 > \frac{x}{4}$
$x > 1$	$y \geq 7$	$x < 12$

$5 \leq 1 - x$	$9 \geq 12x$	$3 \geq 3 + y$
$x \geq 6$	$x \leq \frac{3}{4}$	$y \leq 0$

$4 > \frac{y}{6}$	$8y \leq 10$	$9 \leq x + 9$
$y < 24$	$y \leq \frac{5}{4}$	$x \geq 0$

$8 \leq 7 - x$	$6 < y - 1$	$\dfrac{x}{5} \geq 6$
$x \geq 15$	$y > 7$	$x \geq 30$
$9 \leq 3 + x$	$2x \leq 3$	$10 < 12y$
$x \geq 6$	$x \leq \dfrac{3}{2}$	$y > \dfrac{5}{6}$
$7 > y - 6$	$y + 6 < 9$	$3 \leq \dfrac{y}{6}$
$y < 13$	$y < 3$	$y \geq 18$

$8 \leq y - 3$	$7 > 1 + y$	$6 < \frac{y}{1}$
$y \geq 11$	$y < 6$	$y > 6$
$12x \leq 10$	$4 + y < 2$	$\frac{x}{8} \geq 7$
$x \leq \frac{5}{6}$	$y < -2$	$x \geq 56$
$6 \leq y - 5$	$2 \geq 3y$	$8 \geq 7 - x$
$y \geq 11$	$y \leq \frac{2}{3}$	$x \leq 15$

$6x \leq 4$	$1 \leq x + 1$	$3 \geq \dfrac{y}{6}$
$x \leq \dfrac{2}{3}$	$x \geq 0$	$y \leq 18$

$4x > 6$	$6 \geq \dfrac{y}{8}$	$6 + y > 9$
$x > \dfrac{3}{2}$	$y \leq 48$	$y > 3$

$3 - x \geq 4$	$3 > x - 1$	$9 + x \geq 9$
$x \geq 7$	$x < 4$	$x \geq 0$

$\frac{x}{1} \geq 6$	$3 \geq 4y$	$1 < 9 + y$
$x \geq 6$	$y \leq \frac{3}{4}$	$y > -8$
$\frac{y}{4} > 5$	$7 - y < 9$	$5x > 6$
$y > 20$	$y < 16$	$x > \frac{6}{5}$
$1 > \frac{y}{6}$	$x + 4 \geq 2$	$3y \geq 6$
$y < 6$	$x \geq -2$	$y \geq 2$

www.ingramcontent.com/pod-product-compliance
Lightning Source LLC
Chambersburg PA
CBHW080608220526
45466CB00010B/3284